C. Charles

CRÉATION DU MATÉRIEL D'UNE PETITE INSTAL- LATION SCIENTIFIQUE.

1re Partie

1903

DUCOURT
Imprim

JANET Charles

DESCRIPTION

du

MATÉRIEL

d'une

PETITE INSTALLATION SCIENTIFIQUE

1ʳᵉ Partie

———————◆◄►◆———————

LIMOGES

IMPRIMERIE-LIBRAIRIE DUCOURTIEUX ET GOUT

7, RUE DES ARÈNES, 7

DESCRIPTION DU MATÉRIEL

d'une

PETITE INSTALLATION SCIENTIFIQUE

1ʳᵉ Partie

————————

Toute installation, quelque modeste qu'elle soit, doit faire l'objet, avant son exécution, d'un projet étudié dans ses moindres détails. Il est toujours utile, pour l'établissement de semblables projets, d'avoir quelques documents sur les installations similaires qui ont pu être réalisées précédemment.

C'est pour contribuer à fournir des documents de ce genre que je donne les dimensions et les dispositifs que j'ai adoptés pour le matériel d'une petite installation scientifique que j'ai réalisée à Beauvais.

Cette petite installation a eu pour but de classer :

1° Une Collection paléontologique d'Invertébrés ;
2° Un petit Matériel scientifique (produits chimiques ; usten-
   siles de chimie ; appareils de photographie ; instruments
   de dissection et de micrographie ; outillage d'atelier ;
   boîtes de catalogues sur fiches ; fournitures diverses) ;
3° Une petite Bibliothèque scientifique ; ·
4° Une série de Documents contenus dans des chemises ou
   dossiers en carton.

La description de l'installation de la Collection paléontologique fait, seule, l'objet de la présente notice.

INSTALLATION
d'une
COLLECTION PALÉONTOLOGIQUE
D'INVERTÉBRÉS

Les échantillons de cette collection sont collés sur des planchettes. Exceptionnellement, s'ils sont rares et fragiles, ils sont logés soit dans des tubes en verre collés sur des planchettes, soit dans des cuvettes en carton. Ainsi disposés, et soigneusement étiquetés, les échantillons sont rangés dans des meubles à tiroirs.

MEUBLES A TIROIRS POUR LE RANGEMENT DES ÉCHANTILLONS

Les meubles à tiroirs qui servent au rangement des échantillons sont construits en chêne et en sapin.

Les bois employés sont indiqués dans le tableau suivant :

DÉSIGNATION DES BOIS		ÉPAISSEURS du BOIS BRUT	ÉPAISSEURS maxima DU BOIS RABOTÉ
CHÊNE.	Feuillets sur quartier....	11 1/4 millim.	10 millimètres
		13 1/2 —	12 —
		16 —	14 —
	Planches sur quartier....	27 —	25 —
		34 —	32 —
		41 —	39 —
SAPIN..	Feuillets de madrier 4 traits	13 —	11 —
	Planches ordinaires......	25 —	22 —
	Planches dites cinq quarts.	33 —	30 —

Tiroirs

Les tiroirs sont de deux grandeurs.

Ceux d'une même grandeur sont, tous, parfaitement interchangeables.

Leur dimension transversale et leur dimension sagittale ont été prises aussi grandes qu'on a pu le faire sans en rendre le maniement trop difficile.

Environ 95 pour 100 des échantillons de la collection ont, y compris la planchette de 8 millimètres d'épaisseur sur laquelle ils sont collés, une hauteur verticale inférieure à 75 millimètres. Ces échantillons, que l'on peut appeler *petits échantillons,* se logent dans les tiroirs de la plus petite des deux grandeurs.

Les plus grands tiroirs servent à loger les échantillons qui, avec la planchette sur laquelle ils sont collés, ont une hauteur comprise entre 75 et 100 millimètres et que l'on peut appeler *échantillons moyens.*

Les *gros échantillons,* ayant, avec leur support, plus de 100 millimètres de hauteur, ne peuvent guère se loger commodément dans des tiroirs.

Tiroirs pour les petits échantillons

Les tiroirs destinés à loger les petits échantillons sont représentés sur les planches 1 à 7.

Ils ont intérieurement :

Dimension transversale.	673 millimètres.	
— sagittale.........	546	—
— verticale.	76	—

Avec ces dimensions, les tiroirs pour les petits échantillons sont suffisamment maniables pour pouvoir être placés, couramment, dans des cases situées à moins de deux mètres au-dessus du sol et, exceptionnellement, à une hauteur un peu plus grande.

Ces tiroirs sont entièrement en chêne.

Ils sont formés (pl.4) d'un corps de tiroir, d'une devanture rapportée, fixée au moyen de vis, et, entre ces deux parties, d'une plaque de feutre.

Pour faciliter l'entrée des tiroirs dans leurs cases, l'angle supérieur de l'extrémité arrière des côtés est abattu en pan coupé, et le derrière du tiroir a, en hauteur, 10 millimètres de moins que les côtés.

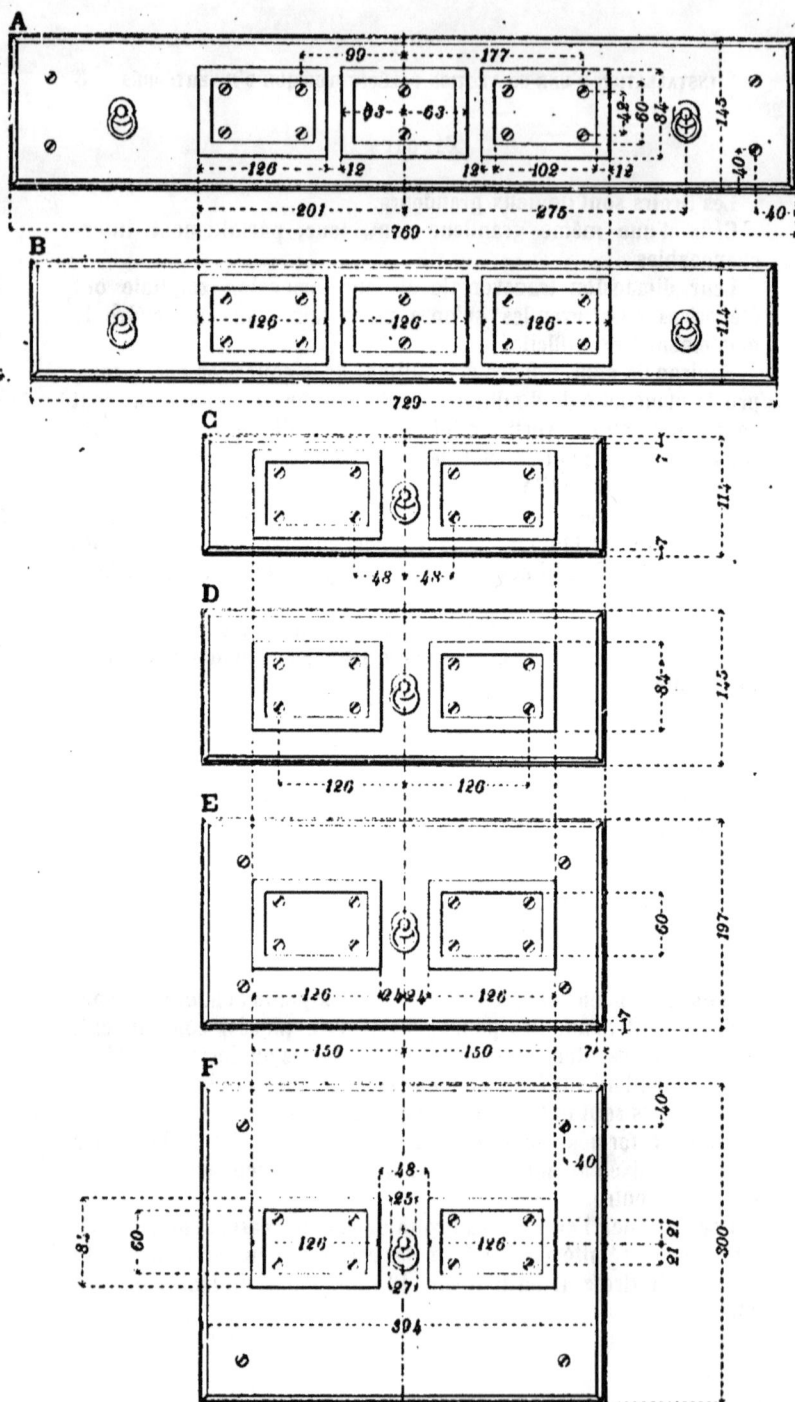

Fig. 1. — Façades des tiroirs. Ech. 0,15.

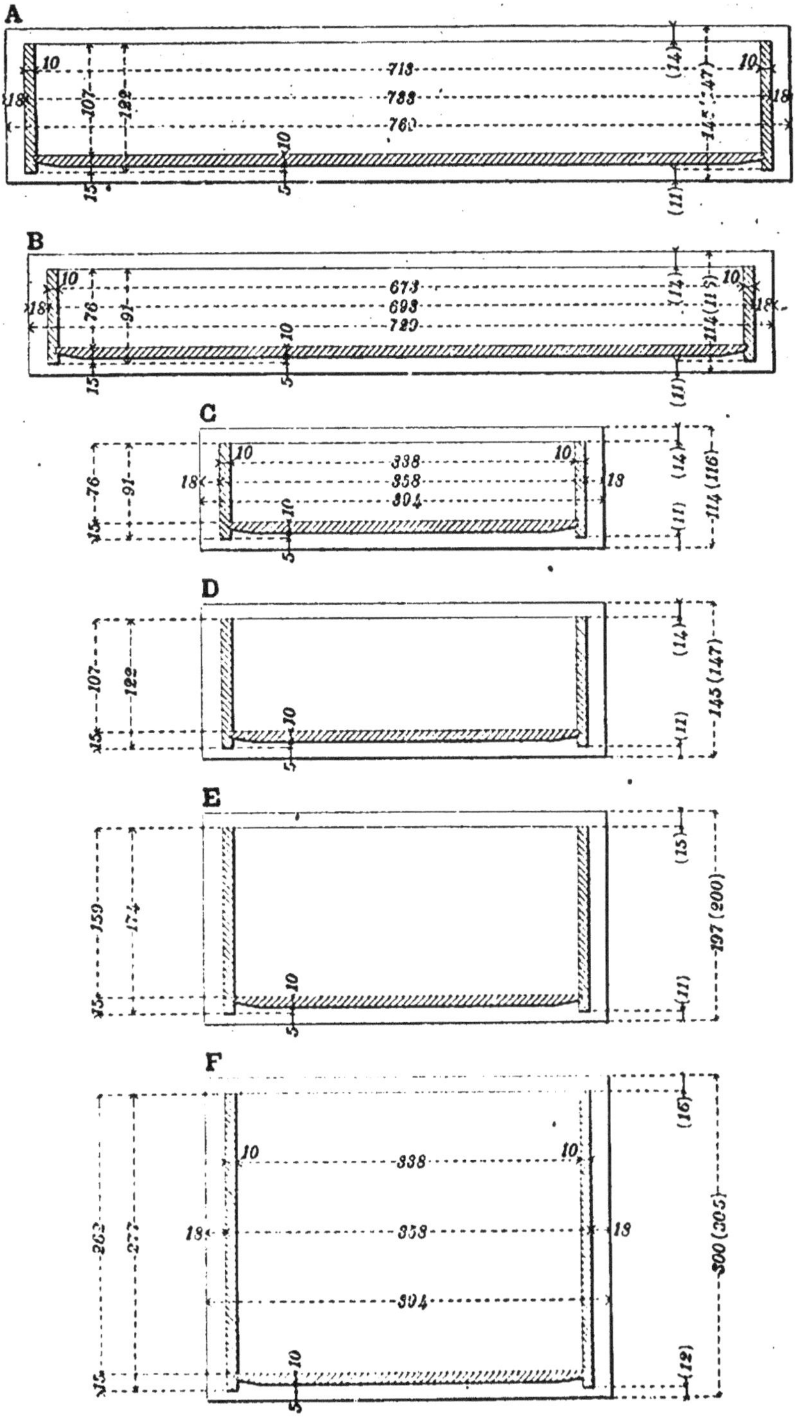

Fig. 2. — Coupe transversale des tiroirs. Ech. 0,15.

Le fond horizontal du tiroir est soutenu :

En avant, par deux vis à tête fraisée (n° 17 × 20ᵐᵐ) dont l'emplacement est indiqué, par deux petites croix, sur la planche 2.

En arrière (pl.2 et 4), par une équerre en cuivre dont la branche horizontale est logée dans une entaille creusée sur la face inférieure du fond, tandis que sa branche supérieure, solidement maintenue par deux vis, est soutenue par une mouse logée dans une petite entaille.

Sur les côtés (pl.3), par les rainures dans lesquelles pénètrent les fonds.

Pour ne pas produire, à l'arrière des tiroirs, partie qui est exposée à des chocs, un affaiblissement trop prononcé des côtés au droit des rainures, ces dernières sont poussées obliquement, de manière à avoir 6 millimètres de profondeur à l'avant et seulement 2 millimètres de profondeur à l'arrière. Il en résulte que le fond doit être découpé non pas tout à fait d'équerre, mais, un peu, en forme de trapèze. Cette disposition donne beaucoup de solidité aux côtés des tiroirs.

On fera bien, si l'on ne dispose pas de bois parfaitement secs, d'établir les tiroirs neufs avec des fonds faisant un peu saillie vers l'arrière. Dans ce cas, l'équerre en cuivre, au lieu d'être appliquée directement sur le corps du tiroir, en sera séparée par une petite cale d'épaisseur égale à la saillie provisoire du fond. On supprimera cette cale quand le bois sera à peu près complètement desséché. Avec des fonds ayant, comme c'est ici le cas, environ 0ᵐ56, dans le sens transversal par rapport aux fibres du bois, le rétrécissement peut, au bout d'une dizaine d'années, atteindre 10 millimètres.

Les façades rapportées sont moulurées sur leur pourtour. Avec le feutre contre lequel elles sont appliquées, elles forment, sur la devanture du casier, un recouvrement peu pénétrable à la poussière. Pour être tout à fait efficace, ce recouvrement doit avoir 10 millimètres, ce qui conduit à donner aux façades rapportées 114 millimètres de largeur. Pour être sûr de conserver cette largeur, il faut employer du bois bien sec. Si le bois dont on dispose ne répond pas à cette condition, il faut préparer les devantures neuves avec un léger excédent de largeur. C'est ce qui a été fait pour les devantures des tiroirs représentés sur la figure 2. Ces devantures ont, en effet, été exécutées avec les largeurs et les saillies de recouvrement, un peu forcées, qui sont indiquées entre parenthèses, sur cette figure et dans le tableau de la page 34.

Pour protéger efficacement contre la pénétration de la poussière, le feutre employé doit être épais et mou.

La sorte que j'ai adoptée a, mesurée, sans compression, avec un pied à coulisse de mécanicien, environ 12 millimètres d'épaisseur. A l'usage, par suite de la compression, cette épaisseur se réduit à 10 ou 11 millimètres.

Pour mettre ce feutre, autant que possible, à l'abri des attaques des insectes, il est indispensable de l'imbiber d'un liquide conservateur. Celui que j'emploie a la composition suivante :

Eau de pluie......................	950	grammes.
Bichlorure de mercure ordinaire........	33	—
Chlorure d'ammonium sublimé blanc...	17	—

On obtient, rapidement, la dissolution de ces deux sels en les plaçant dans un nouet de toile que l'on maintient, suspendu, dans la partie supérieure de l'eau destinée à les dissoudre.

L'addition de chlorure d'ammonium a été suggérée par le chimiste Cloez pour éviter la transformation du bichlorure de mercure ou chlorure mercurique (sublimé corrosif), qui est si toxique, en chlorure mercureux (calomel) qui paraît être à peu près inoffensif pour les insectes.

Lorsqu'elles seront définitivement posées et ajustées, les garnitures de feutre auront exactement, comme les devantures rapportées qui les recouvrent, 729 sur 114 milimètres. Mais il faut tenir compte, pour le découpage des morceaux à imbiber, de ce que l'imbibition et la dessication produisent un certain retrait, et de ce qu'il faut laisser un excédent de dimension pour permettre de couper, bien nettement, le feutre après la pose. Pour être certain de pouvoir ajuster facilement la garniture de feutre à cette dimension de 0^{m}729, il faut que les morceaux, découpés avant l'imbibition, aient au moins 0^{m}80. Les dimensions courantes des pièces de feutre que j'emploie étant de 1^{m}40 sur, environ, 20 mètres, on peut les découper en morceaux ayant 0^{m}80 sur 1^{m}40 que l'on plonge, après les avoir mis en rouleaux de 80 centimètres de longueur sur 15 à 20 centimètres de diamètre, dans le récipient rempli du liquide conservateur dont on veut les imprégner.

Les rouleaux de feutre restent plongés dans ce liquide pendant quarante-huit heures, puis, après avoir été bien égouttés, ce qui est important pour que le feutre ne devienne pas hygrométrique, étalés à plat sur un plancher où on les laisse sécher.

Les premières garnitures de feutre que j'ai employées, sans les imbiber d'un liquide conservateur, présentaient, au bout de cinq ou six années, un certain nombre de perforations, surtout au niveau de la partie inférieure des côtés des tiroirs, endroit qui constitue un point d'attaque de prédilection.

Quant aux garnitures imbibées du liquide dont la composition est indiquée ci-dessus, elles ne présentent, au bout de dix années, aucune perforation.

Chacune des façades rapportées est fixée, au-devant du corps du tiroir, par douze vis en fer à tête fraisée n° 22 × 32 millimètres. Dix de ces vis ont leur tête cachée sous les étiquettes des tiroirs. Pour obtenir un serrage énergique du feutre, il est indispensable que les trous, percés un peu juste, dans lesquels pénètrent les filets de ces vis, traversent de part en part le devant du corps du tiroir. Les deux autres vis sont placées, en sens inverse des précédentes, dans l'axe de chacune des platines des deux anneaux, et les trous qui reçoivent les filets de ces vis traversent, de part en part, la devanture rapportée.

Il n'est pas toujours nécessaire de poser toutes les douze vis de chaque façade, mais il faut, néanmoins, préparer les douze trous destinés à les recevoir. Au moment où l'on place définitivement la devanture rapportée sur la plaque de feutre, on pose, d'abord, dans l'intérieur de chacun des deux porte-étiquettes latéraux, les deux vis voisines du côté extérieur du porte-étiquette, et, ensuite, les deux vis qui correspondent aux deux anneaux. Quant aux six autres vis, on ne place que celles qui sont nécessaires pour dérondir ou dégauchir la devanture rapportée, et la forcer à être bien plane et bien parallèle à la devanture du casier, de manière que la plaque de feutre y soit bien appliquée et ne laisse aucun jour.

Lorsque le morceau de feutre est solidement maintenu par le serrage énergique des vis de la devanture rapportée, on l'ajuste, exactement, à la dimension de cette devanture en coupant, bien nettement, tout ce qui dépasse son pourtour. Cette opération se fait avec un fort tranchet ou avec un de ces instruments, employés pour couper le cuir, tels que la cornette à couper des bourreliers, ou le couteau, à lame demi-circulaire, à manche central, que l'on appelle couteau à pied.

Les dimensions des tiroirs pour les petits échantillons sont résumées dans le tableau qui se trouve, ci-après, page 34.

Afin de faciliter, à l'ouvrier qui construit les meubles, la vérification des dimensions principales, de celles, surtout, qui doivent être observées avec une exactitude suffisante pour assurer l'interchangeabilité parfaite des tiroirs, il est indispensable d'employer des gabarits indicateurs de ces dimensions.

L'un des meilleurs dispositifs à adopter, pour des gabarits de ce genre, est celui indiqué sur la figure 9 qui représente un gabarit destiné à la vérification des dimensions d'un casier. Les butées, qui servent, deux à deux, à déterminer une dimension donnée, sont séparées du corps du gabarit par un trait de scie qui permet de les ajuster, facilement, avec toute la précision voulue. On peut, en effet, non seulement raccourcir ces butées en les limant, mais on peut aussi, lorsque c'est nécessaire, les allonger en les martelant.

Tiroirs pour les échantillons moyens

Les tiroirs pour le classement des échantillons moyens sont construits sur le même plan que ceux pour les petits échantillons, mais ils sont notablement plus grands.

Ils ont intérieurement :

Dimension transversale. . . . . 713 millimètres.

— sagittale. . . . . 607 —

— verticale. . . . . 107 —

Les devantures rapportées des tiroirs pour les échantillons moyens étant notablement plus grandes que celles des tiroirs pour les petits échantillons, il a été nécessaire d'ajouter (fig.1, p.6) à chacun des quatre angles de la devanture une vis en cuivre à tête ronde n° 22×35 millimètres, qui reste apparente.

Les dimensions de ces tiroirs pour les échantillons moyens sont résumées dans le tableau qui se trouve, ci-après, page 34.

Anneaux et porte-étiquettes des devantures des tiroirs

Les devantures des deux modèles de tiroirs qui viennent d'être décrits portent, chacune, deux anneaux de tirage et trois porte-étiquettes (fig.1, p.6, et pl.1, 2, 4, 6).

Les anneaux montés sur une platine sont en laiton. Ils sont fixés aux tiroirs par trois vis en laiton, à tête fraisée, n° 16×10 millimètres.

Les dimensions de ces anneaux sont :

Diamètre extérieur de l'anneau... . . . . 27 millimètres.

— — de la platine. . . . . 25 —

— — du bouton. . . . . 10 —

— du fil de laiton. . . . . 3 —

Épaisseur de la platine. . . . . 3 —

Épaisseur totale de la platine et du bouton. 12 —

Les porte-étique lles sont en noyer choisi sans aubier. Ils sont fixés aux devantures par sept vis en cuivre à tête ronde, n° 13×13 millimètres.

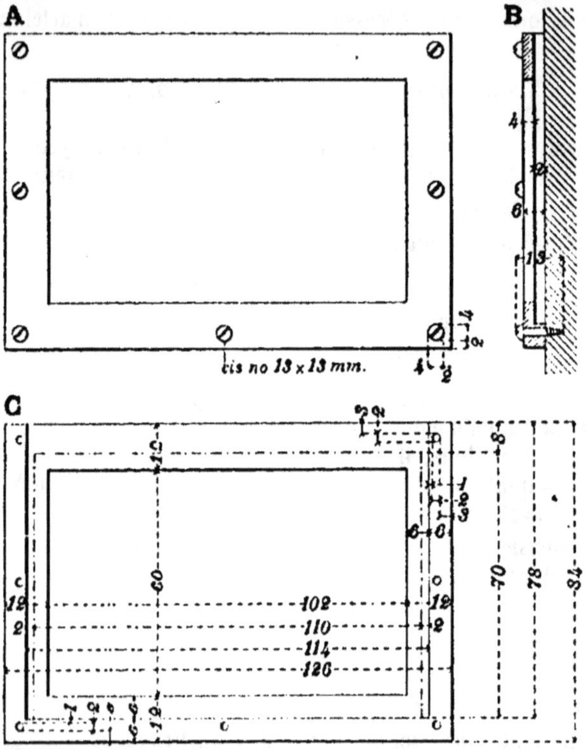

Fig. 3. — Porte-étiquettes des devantures des tiroirs. Les lignes formées de tirets alternant avec des points indiquent les dimensions des étiquettes en carte bristol. Éch. 0,5.

Les dimensions relatives à ces porte-étiquettes sont :

Dimension transversale	de l'évidement à jour.......	102 millimètres
	de l'étiquette en bristol......	110 —
	dans feuillure...............	114 —
	extérieure...................	126 —
Dimension verticale...	de l'évidement.............	60 —
	de l'étiquette en bristol......	70 —
	dans feuillure...............	78 —
	extérieure..................	84 —
Épaisseur........ ...	de la feuillure..............	2 —
	de la bordure de recouvrement	4 —
	extérieure.......	6 —

Casiers

Casiers des tiroirs pour les petits échantillons

Les tiroirs pour les petits échantillons sont groupés, par cinq, dans des casiers de petites dimensions que l'on peut juxtaposer et superposer de manière à en faire les éléments de tables-comptoirs ou de meubles de grande hauteur (planches 1 à 7). Grâce à ce dispositif, le démontage, le déménagement et le remontage des meubles est une opération relativement simple.

Ces casiers ont :

Dimension transversale extérieure   775 millimètres.
— sagittale — 605 —
— verticale — 650 —

Afin que, lors de leur juxtaposition, les casiers puissent être bien serrés les uns contre les autres et puissent former une façade bien droite, il est utile de leur donner une largeur extérieure un peu plus faible en arrière qu'en avant. Une différence de 2 millimètres est suffisante. La largeur extérieure du casier qui a 775 millimètres sur la façade, n'a, ainsi, que 773 millimètres en arrière.

Ces casiers sont construits partie en chêne, partie en sapin.

Le chêne est indiqué, sur les dessins, par des hachures assez serrées, le sapin, par des hachures plus espacées.

Les ouvertures des cases, mesurées sur la façade, laissent, pour faciliter l'entrée des tiroirs, un jeu de 4 millimètres en largeur et de 3 millimètres en hauteur.

A moins de construire les tiroirs et les casiers avec une précision qui se traduirait par un prix de revient relativement élevé, ce jeu serait, parfois, insuffisant si le coulisseau de droite d'une case était placé parallèlement au coulisseau de gauche.

Afin d'assurer, d'une façon absolue, l'interchangeabilité des tiroirs, les joues des coulisseaux (pl.2) sont entaillées de 6 millimètres et divergent de manière à présenter, en arrière, un écartement plus grand que leur écartement en avant. La différence d'écartement est égale à la somme des deux entailles de 6 millimètres, diminuée du rétrécissement de 2 millimètres que le casier présente extérieurement en arrière, ce qui fait 10 millimètres. L'écartement des joues des coulisseaux qui est, en avant, comme l'ouverture des cases, de 697 millimètres, est, ainsi, de 707 millimètres en arrière.

Les coulisseaux et leurs joues (pl.2 et 4) sont taillés en biseau à leur extrémité voisine de la façade. Ce dispositif a pour but d'empêcher qu'il n'y ait, par suite de désaffleurements, des saillies sur lesquelles les tiroirs viendraient buter.

Il est également utile, pour que les tiroirs ne soient pas exposés à venir buter sur elle, que la traverse située en bas et en arrière des casiers (pl.4) n'arrive pas tout-à-fait au niveau des coulisseaux inférieurs. La différence est ici de 5 millimètres.

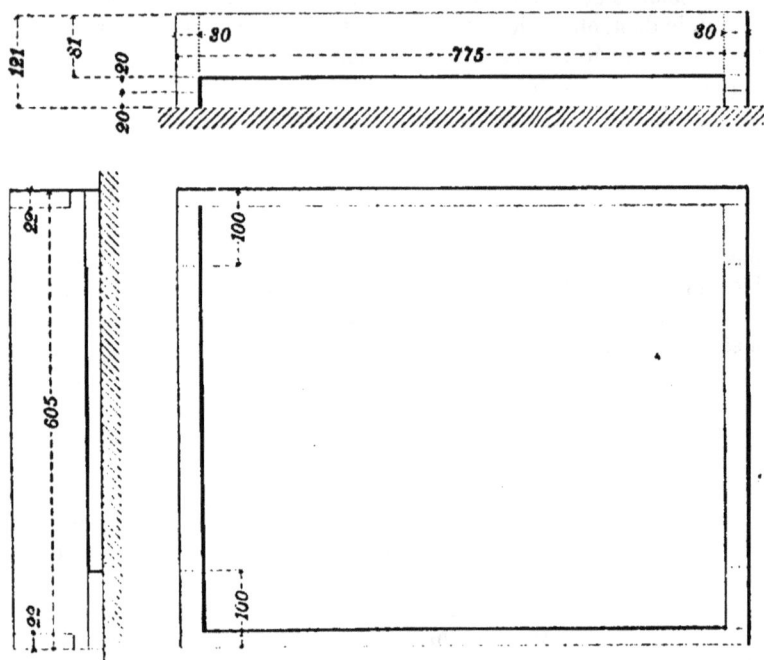

Fig. 1. — Support pour les casiers formant tables-comptoirs. Éch. 0,1.

Dans les derniers casiers que j'ai fait construire, les deux tringles verticales (pl.2) et les deux tringles horizontales (pl.4) qui sont rapportées, pour former joue de feuillure, et maintenir à dilatation libre les panneaux de derrière des casiers, sont faites en chêne, et ont 10 sur 60 millimètres d'équarissage, au lieu d'être en sapin, et de n'avoir que 10 sur 40 millimètres, comme l'indiquent les dessins.

Les dimensions principales de ces casiers sont résumées dans le tableau qui se trouve, ci-après, page 34.

Casiers des tiroirs pour les échantillons moyens

Les casiers des tiroirs pour les échantillons moyens sont construits exactement sur le même plan que ceux des tiroirs pour les
petits échantillons.

Ils ont la même hauteur, à savoir 650 millimètres, mais ils sont
plus larges et plus profonds et n'ont que quatre cases.

Les dimensions de ces casiers se trouvent dans le tableau de la
page 34.

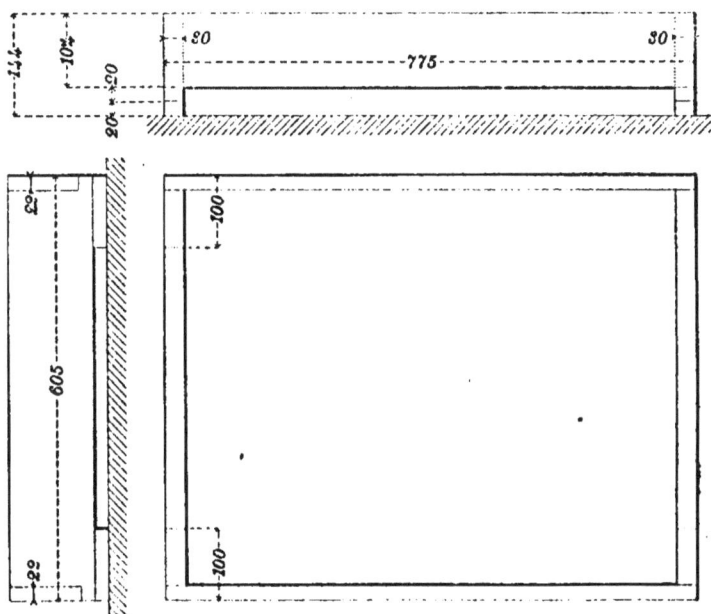

Fig. 5. — Support pour les grands meubles formés de quatre assises de casiers. Éch. 0,1.

Groupement des Casiers

Meubles pour les petits échantillons

Les casiers à tiroirs pour les petits échantillons sont destinés à
être juxtaposés et superposés pour former des tables-comptoirs
ou des meubles de plus grande hauteur (pl. 5, 6 et 7).

2

TABLES-COMPTOIRS

Les tables-comptoirs (pl. 5, fig. 5 et 6) sont formées d'une assise de casiers juxtaposés. Chacun des casiers est posé sur un support (fig. 4, p. 14) formé de deux longuerines réunies par deux traverses. Les deux longuerines supportent efficacement les quatre montants du casier ainsi que ses traverses latérales inférieures. Elles reposent sur le sol par quatre cales que l'on peut amincir pour compenser les irrégularités de l'horizontalité du plancher.

Le pourtour de l'ensemble des supports reçoit une plinthe moulurée, de 128 millimètres de hauteur, qui recouvre, de quelques millimètres, les traverses inférieures des casiers (pl. 5).

Une solide table en chêne de 25 millimètres d'épaisseur, à bords arrondis, formée de planches collées mais non entourées d'emboîtures, est fixée sur l'assise de casiers. Le dessus de cette table est à $0^m 800$ du sol, hauteur qui permet d'étaler commodément, sous la main, les tiroirs et les échantillons.

GRANDS MEUBLES

Les grands meubles à tiroirs sont formés de plusieurs assises de casiers superposées au-dessus d'un support semblable à ceux employés pour les tables-comptoirs, mais plus haut (fig. 5, p. 15, pl. 5; fig. 7 et 8, pl. 6).

La hauteur la plus commode à donner à ces grands meubles est celle qui résulte de la superposition de trois assises de casiers, superposition qui donne des piles de quinze tiroirs. Dans ce cas, avec un socle de 150 millimètres, les anneaux de tirage des tiroirs placés tout en haut du meuble se trouvent à peu près à 2 mètres au-dessus du plancher, c'est-à-dire encore à portée de la main. On aura soin, lors de chaque remaniement de la collection, de laisser, dans chaque pile de quinze tiroirs, quelques tiroirs vides, pour permettre l'intercalation de nouveaux échantillons. C'est avec ce dispositif que mes premières installations ont été faites, et c'est celui que j'aurais conservé si j'avais disposé d'emplacements suffisamment vastes.

Pour l'installation de la collection, dans un local très restreint, il a fallu donner aux meubles une plus grande hauteur et les former par la superposition de quatre assises de casiers, ce qui donne des piles de vingt tiroirs.

Les cinq tiroirs logés dans le casier supérieur ne sont plus à la portée de la main et ne sont accessibles qu'avec l'emploi d'un escabeau d'environ $0^m 75$ de hauteur, formé de trois marches.

Ce serait là un inconvénient assez sérieux, s'il fallait atteindre fréquemment les tiroirs de ce casier supérieur ; mais, en réalité, cela n'a lieu que d'une façon exceptionnelle, si on a soin de ne remplir, dans chaque pile de vingt tiroirs, que les quinze tiroirs inférieurs, et de conserver les cinq tiroirs supérieurs pour permettre les remaniements partiels, nécessités par l'intercalation des nouveaux échantillons. Dans ce cas, tous les tiroirs situés à portée de la main sont utilisés, et les tiroirs peu accessibles ne le sont que momentanément, jusqu'à ce qu'un remaniement plus important permette de les libérer à nouveau.

Cette disposition de grands meubles formés par la superposition de quatre assises de casiers est représentée sur les planches 5, 6 et 7.

Le soubassement moulure a 150 millimètres de hauteur. Il recouvre de 6 millimètres la traverse du bas des casiers de l'assise inférieure.

De petites cales séparent les casiers superposés et compensent les petites différences qui existent dans leurs dimensions extérieures.

Les joints résultant de l'intercalation de ces petites cales sont, de même que les joints qui séparent les piles juxtaposées, masqués par une petite moulure de 18 millimètres de largeur.

Le couronnement a 200 millimètres de hauteur et recouvre de 6 millimètres la traverse du haut des casiers de l'assise supérieure.

Avec ce système de juxtaposition et de superposition, tous les panneaux de dessus, de dessous et de derrière des casiers paraissent inutiles, et il semble qu'il suffirait d'avoir seulement un certain nombre de panneaux de côté, pour former les flancs des meubles.

En réalité, tous les panneaux sont utiles, si l'on tient à se mettre, le plus possible, à l'abri de la poussière, parce qu'ils s'opposent, d'une façon très efficace, à la circulation de l'air dans l'intérieur des casiers.

Meubles pour les échantillons moyens

Beaucoup plus volumineux et beaucoup plus lourds que ceux des petits échantillons, les tiroirs des échantillons moyens ne peuvent être placés dans des meubles de grande hauteur. Ils sont assez maniables s'ils sont placés dans des tables-comptoirs de 0^{m}800 de hauteur, formées, comme les tables-comptoirs des tiroirs pour les petits échantillons, d'une seule assise de casiers.

Exemple d'installation d'une Salle

Les meubles qui viennent d'être décrits peuvent être disposés de façons très variées suivant la forme et les dimensions des locaux dont on dispose. Ils se prêtent à des installations satisfaisantes même dans des locaux présentant, comme la salle où j'ai dû loger ma collection, des irrégularités assez prononcées.

La planche 7 donne un exemple de l'une des meilleures dispositions qui puissent être adoptées dans un local de forme parfaitement régulière. On a supposé, dans cet exemple, qu'une salle de 9^m72 sur 11^m, traversée par un passage de 2^m05 est garnie de grands meubles, formés de quatre assises de casiers pour petits échantillons, alternant avec des tables-comptoirs formées, sans réserver de vides, de casiers semblables aux précédents. Une salle ainsi meublée contient mille tiroirs.

Si l'on fait une installation similaire, mais avec des meubles formés seulement de trois assises de casiers et avec des tables reposant sur des pieds et non sur des casiers, la même salle ne contient plus que six cents tiroirs.

Il est utile de laisser, entre les fenêtres et les tables-comptoirs, un passage ayant, au moins, 50 centimètres, ou mieux, si l'emplacement le permet, 60 à 75 centimètres de largeur.

Les grands meubles ne sont pas placés au contact immédiat des murs. Ils en sont séparés par un espace, d'environ 2 centimètres (pl.7), dans lequel on place, à l'alignement de la façade, une petite tringle en chêne ajustée de manière à racheter les irrégularités des murs et le faux équerre de la construction.

Dans l'exemple d'installation représenté par la planche 7, les tables-comptoirs sont formées comme les grands meubles de deux lignes de casiers accolées dos à dos, et ayant, ensemble, une largeur de 1^m210. Les passages entre les façades des casiers ont cette même largeur de 1^m210. Cette disposition, que j'ai eu l'occasion d'essayer dans une installation provisoire, est très commode pour le maniement des tiroirs.

Dans l'installation que j'ai réalisée pour ma collection, j'ai été obligé, pour gagner de la place, de réduire sensiblement ces deux dimensions.

Je n'ai pu former les tables-comptoirs que d'une seule ligne de casiers ayant transversalement 0^m605, avec tables de 0^m67 de largeur. Cette dimension est encore bien suffisante pour poser les tiroirs et étaler des séries d'échantillons.

Quant aux passages entre les comptoirs et les grands meubles, j'ai du également les réduire, et j'ai constaté que cela peut être fait, sans trop d'inconvénients, à la condition, toutefois, de ne pas leur donner une largeur inférieure à 1 mètre.

CLASSEMENT DES ÉCHANTILLONS

Matériel pour les échantillons

Planchettes

Les planchettes sur lesquelles sont collés les échantillons sont en bois bien sec (aulne, bouleau, peuplier) de 8 millimètres d'épaisseur, découpées bien d'équerre.

Elles sont débitées à la scie fine, et poncées sur une face pour faire disparaître le trait de scie. Ce ponçage n'est pas nécessaire si l'on emploie du peuplier tranché, parce que la surface de cette sorte de bois est suffisamment unie.

Près de 75 pour cent des échantillons de la collection en question ne dépassent pas 30 millimètres de largeur.

Pour ce motif, j'ai pris cette dimension comme point de départ de la série de dimensions transversales des planchettes qui est, ainsi, la suivante :

30 ; 60 ; 90 ; 120 ; 150^{mm}, etc.

Exceptionnellement, lorsque cela est utile pour obtenir une notable économie de place, j'emploie, de plus, les dimensions transversales :

15 ; 45 ; 75 et 105^{mm}.

Dans le sens sagittal, les dimensions des planchettes vont de 5 en 5 millimètres.

Les planchettes sont recouvertes, sur le dessus et sur les côtés, avec le papier bleu pâle dont un échantillon se trouve p. 21, en regard de la figure 6.

Ce papier est d'une teinte assez solide, parce que sa matière colorante (bleu de Prusse) reste assez fixe sous l'action de la lumière, et que la pâte employée pour sa fabrication ne contient pas de bois, matière qui jaunit assez rapidement et verdit les bleus les plus fixes. Des morceaux de ce papier, exposés pendant deux mois (mai et juin) dans des vitrines servant à faire blanchir, sous l'action du soleil, des objets manufacturés en os, n'ont subi qu'un léger changement de couleur.

Le dos de chaque planchette est recouvert de papier blanc pouvant servir à écrire des annotations.

Pour éviter une diminution de leurs dimensions et le décollement du papier qui les recouvre, les planchettes doivent être découpées dans du bois bien sec. De plus, pour compenser les

petites irrégularités du sciage, le défaut d'équerre et l'augmenta-
tion de dimension due au recouvrage, il faut découper les planchettes avec un demi-millimètre de moins, en longueur et en largeur, que les dimensions indiquées ci-dessus. Avec ces précautions,
les planchettes terminées ont des dimensions suffisamment exactes
pour pouvoir être rangées bien régulièrement.

Une très bonne ouvrière, bien outillée, peut garnir de papier
bleu et blanc, collés à la colle forte, en travail très soigné, quatre
cents planchettes de dimensions moyennes en une journée de
huit heures, soit cinquante à l'heure.

Une étiquette en papier blanc, pur chiffon, est collée au bas de
chaque planchette (fig.6, p. 24).

Les dimensions et le nombre de lignes d'écriture adoptés pour
ces étiquettes sont indiqués ci-dessous :

Largeur de la plan-chette.... millim.	15	30	45	60	75	90	105	120
Dimensions correspondantes de l'étiquette.... millim.	12×20	27×11	42×10	57×8	72×8	86×6	101×6	116×6
Nombre de lignes d'écriture sur l'étiquette	9	6	4	3	3	2	2	2

Le plus souvent, je ne mets, sur chaque planchette, qu'un seul
échantillon. Cela facilite les intercalations, les remaniements, et,
surtout, l'élimination des échantillons défectueux dès qu'on peut
les remplacer par des échantillons meilleurs.

Toutefois, les individus très petits, les espèces très communes, les
séries provenant d'un même gisement, les échantillons médiocres
qui sont certainement destinés à être bientôt éliminés, doivent, de
préférence, être groupés sur une même planchette.

Tubes

Les tubes, employés pour loger les échantillons rares et fragiles,
sont faits en verre mince, de très belle qualité, aussi peu striés
que possible. Ils sont à fonds plats, à bords coupés droits sans
évasement, et bouchés avec un bouchon en liège enfoncé du tiers
de sa longueur.

Les dimensions adoptées pour les tubes les plus usuels sont indiquées sur le tableau suivant :

DIMENSIONS extérieures DES TUBES		ÉPAISSEUR du VERRE	LONGUEUR totale du BOUCHON
Diamètre	Longueur		
10 millimètres	20 millimètres	$9/10$ de millim.	0 millimètres
10 —	30 —	$9/10$ —	9 . —
10 —	40 —	$9/10$ —	9 —
15 —	30 —	$10/10$ —	10 —
15 —	40 —	$10/10$ —	10 —
15 —	50 —	$10/10$ —	10 —
20 —	40 —	$11/10$ —	11 —
20 —	50 —	$11/10$ —	11 —
20 —	60 —	$11/10$ —	11 —
25 —	50 —	$12/10$ —	12 —
25 —	60 —	$12/10$ —	12 —
25 —	70 —	$12/10$ —	12 —
30 —	60 —	$13/10$ —	13 —
30 —	70 —	$13/10$ —	13 —
30 —	80 —	$13/10$ —	13 —

Cuvettes

Les cuvettes, destinées à recevoir les échantillons, que, pour une raison quelconque, l'on ne veut pas coller sur des planchettes, sont faites en carte de Lyon fine, format raisin simple, pesant 20 kilogrammes les cent feuilles, recouverte, sur les deux faces, avec le papier bleu qui sert à recouvrir les planchettes. L'épaisseur de cette carte est, après un fort glaçage, d'environ $\frac{7}{10}$ de millimètre.

Au moyen d'un petit gabarit, sur lequel se trouvent dessinés les tracés de toutes les tailles usuelles, l'ouvrière chargée de faire ces cuvettes peut les pointer et les découper rapidement sur la mesure de l'échantillon qui lui est donné.

Les dimensions extérieures horizontales de ces cuvettes sont,

comme pour les planchettes : en travers, des multiples de 18 millimètres et, dans l'autre dimension, des multiples de 5 millimètres.
Le tracé du tranchage est fait avec 3 millimètres de moins que les
dimensions extérieures.

La profondeur de chaque cuvette est mesurée sur l'échantillon
qu'elle doit contenir.

Après avoir été tracée au crayon, entaillée à mi-épaisseur avec
un tranchet et découpée avec des ciseaux, la carte est transformée
en cuvette par le relèvement de ses quatre côtés que l'on recouvre
et que l'on borde solidement avec le papier bleu de la sorte employée
pour le recouvrage de la carte et des planchettes.

L'étiquette consiste en un petit bloc de bois, couvert de papier
blanc et collé en bas de la cuvette. Les dimensions de la face supérieure de ces blocs sont les mêmes que celles des étiquettes employées
pour les planchettes.

Le dessous de la cuvette est recouvert, comme le dessous des
planchettes, de papier blanc destiné aux annotations.

Tringles de séparation

Les planchettes et les cuvettes se rangent, dans les tiroirs, en
colonnes séparées par des réglettes en bois, de 8 sur 8 millimètres
d'équarissage. Ces réglettes maintiennent bien en place les colonnes
de planchettes, mais elles prennent une place assez notable. Lorsqu'un tiroir est presque rempli, et qu'il faut, cependant, y intercaler
de nouveaux échantillons, on peut remplacer ces réglettes volumi-
neuses par des réglettes plus petites ou, même, par des bandes de
carton, de 8 millimètres de largeur et de 1 millimètre d'épaisseur,
recouvertes de papier lissé glacé blanc.

Dans chaque colonne, les planchettes se rangent les unes à la
suite des autres, si elles sont toutes de même largeur. Dans le cas
où les planchettes à réunir les unes auprès des autres sont de
largeurs différentes, on peut chercher à réaliser des groupements
tels que celui qui est représenté par la figure 6 (p. 24).

Planchettes de calage

Pour permettre les intercalations, on réserve, dans chaque tiroir,
un certain nombre de colonnes que l'on ne garnit pas complètement d'échantillons. Afin d'empêcher tout déplacement des tringles
de séparation qui limitent ces colonnes incomplètement garnies,
on maintient leur écartement normal par des planchettes, non
pourvues d'échantillons, qui servent, ainsi, simplement, de plan-

chettes de calage. Une petite lame de bristol, collée sur le côté antérieur de celles des planchettes de calage qui maintiennent l'écartement des tringles de séparation, du côté antérieur des tiroirs, empêche ces planchettes de glisser vers l'arrière.

Pare-poussière

Le mode de division des meubles en casiers élémentaires, pourvus, sur cinq faces, de panneaux qui font obstacle à la circulation de l'air, le recouvrement des façades des tiroirs sur la devanture des casiers, et, surtout, la présence d'une feuille épaisse de feutre intercalée entre ces façades et les casiers, empêchent, efficacement, la pénétration de la poussière. On améliore encore ces bonnes conditions en plaçant, dans chaque tiroir, un morceau d'étoffe légère qui recouvre tout son contenu, et sur lequel se dépose la presque totalité de la petite quantité de poussière très fine qui a pu pénétrer dans l'intérieur du casier. J'emploie, à cet usage, des rectangles de satinette pour doublure, soyeuse, mince, très souple, de couleur noire, bordés, sur chacun de leurs quatre côtés, d'un ourlet de 12 millimètres, et dont les dimensions sont un peu plus grandes que les dimensions intérieures des tiroirs.

Pour les tiroirs ayant intérieurement

$$673 \text{ sur } 546^{mm}$$

les pare-poussière doivent avoir

$$690 \text{ sur } 565^{mm}$$

et, pour obtenir cette dimension, il faut découper la pièce d'étoffe en rectangles ayant

$$725 \text{ sur } 600^{mm}$$

Avec ce mode de protection, la quantité de poussière qui se dépose, en vingt années, sur les planchettes d'échantillons, est à peine visible.

Classification des échantillons

Etiquetage des échantillons

L'étiquette collée en pied de chaque planchette porte, inscrites à l'encre de Chine (fig. 6) :

1° la détermination zoologique de l'échantillon,

2° la désignation du niveau géologique auquel il appartient,

3° l'indication de la localité où il a été recueilli,

4° s'il y a lieu, une petite croix, tracée dans l'angle inférieur droit de l'étiquette, signifiant qu'il y a des annotations inscrites au dos de la planchette,

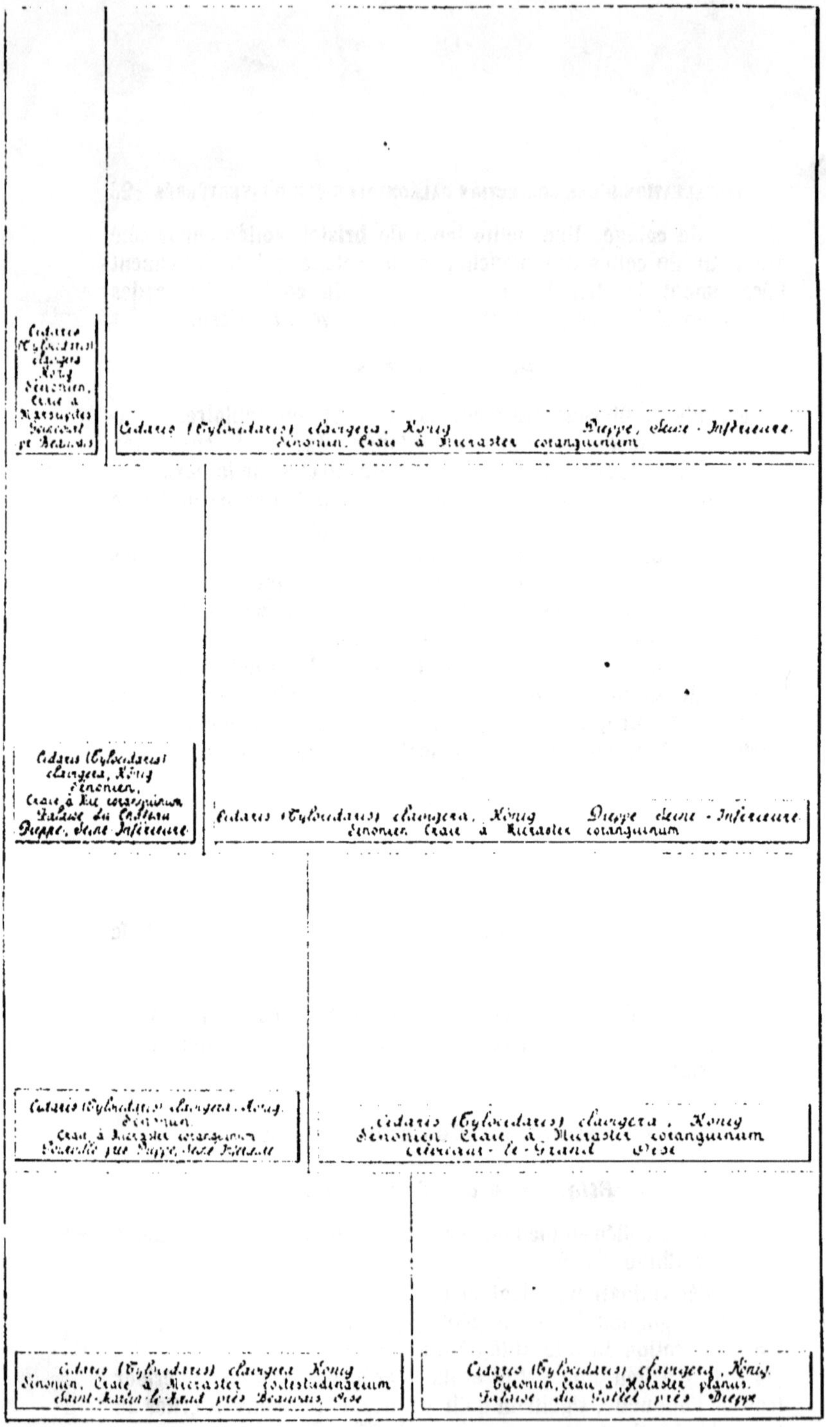

Cidaris
(Cylindaris)
clavigera
König
Senonien,
Craie à
Maerqaster
Senonial
pr. Beauvais)

Cidaris (Cylindaris) clavigera, König   Dieppe, Seine-Inférieure.
Senonien. Craie à Micraster cotanguinum

Cidaris (Cylindaris)
clavigera, König
Senonien,
Craie à M. cotanguinum
Falaise du Cailleu
Dieppe, Seine Inférieure

Cidaris (Cylindaris) clavigera, König   Dieppe Seine-Inférieure
Senonien. Craie à Micraster cotanguinum

Cidaris (Cylindaris) clavigera König
Senonien
Craie à Micraster cotanguinum
Rouville près Dieppe, Seine Inférieure

Cidaris (Cylindaris) clavigera, König
Senonien. Craie à Micraster cotanguinum
Chaumont-le-Grand   Oise

Cidaris (Cylindaris) clavigera König
Senonien, Craie à Micraster posttestudinarium
Saint-Martin-le-Nœud près Beauvais, Oise

Cidaris (Cylindaris) clavigera, König
Turonien, Craie à Holaster planus.
Falaise du Caillet près Dieppe

Fig. 6. — Exemple de l'étiquetage des planchettes. Grandeur d'exécution.

Pour plusieurs motifs, et en particulier à cause de la constance des noms spécifiques et de la variabilité des noms génériques, il est, contrairement aux exemples indiqués sur la figure 6, préférable d'inscrire, d'abord, le nom spécifique et, ensuite, les noms génériques. C'est ce mode d'inscription que j'ai adopté, depuis quelques années, pour la collection en question. Afin d'éviter toute confusion, les noms génériques sont écrits avec des initiales majuscules, tandis que tous les noms spécifiques sont inscrits avec des initiales minuscules.

Planchettes de classification

Les échantillons sont classés dans l'ordre zoologique.

Les noms des groupes systématiques (Embranchements, Classes, Ordres, Tribus, Familles, Genres) sont indiqués, dans la Collection, par des inscriptions faites sur des petites planchettes de classification recouvertes de papiers de couleurs conventionnelles que l'on a eu soin de choisir parmi les couleurs les plus solides (fig. 7). Chacune de ces planchettes de classification est placée en tête du groupe dont elle indique la dénomination.

Les noms des Sous-Embranchements, Sous-Classes, Sous-Ordres, etc., sont inscrits sur les mêmes couleurs que les noms des Embranchements, Classes, Ordres, etc., correspondants; mais ils sont, pour être distingués, précédés de deux points (: Scutellinae).

Lorsque l'un des groupes ou des sous-groupes précédents se divise en sections, les noms de ces dernières sont caractérisés par le signe /. C'est ainsi que l'inscription / : Helicella se rapporte à une section de sous-genre (genre *Helix*, sous-genre *Xerophila*, section de sous-genre *Helicella*).

Les planchettes de classification portent des numéros d'ordre qui précisent leur place dans la collection et chaque tiroir porte l'indication du numéro d'ordre de la première des planchettes de classification qu'il contient.

L'ensemble des échantillons appartenant à une même espèce est aussi précédé d'une planchette de classification indiquant le nom de l'espèce et le nom de son auteur.

Les planchettes de classification indicatrices des noms d'espèces ne portent pas de numéro d'ordre. Leur place dans la Collection est simplement déterminée par cette convention que, dans chaque genre, les espèces sont classées suivant leur ordre alphabétique. Dans le cas où un genre occupe plusieurs tiroirs, on indique, sur chacun de ces tiroirs, la première lettre du nom spécifique de la première espèce qu'il contient.

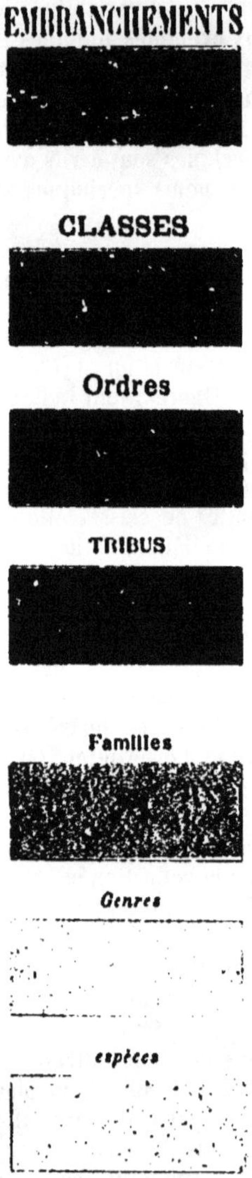

EMBRANCHEMENTS

CLASSES

Ordres

TRIBUS

Familles

Genres

espèces

Fig. 7. — Échantillons des papiers couleurs lissées, de teintes solides, adoptés pour les planchettes de classification.

Le classement des espèces de chaque genre, suivant l'ordre alphabétique, est un système très commode, mais bien illogique, puisque, souvent, il éloigne des espèces qui sont voisines au point de n'être que des variétés, ou rapproche des espèces qui sont différentes au point d'appartenir à des sous-genres distincts.

Si l'on possédait une liste méthodique des espèces classées d'après leurs affinités réciproques, il y aurait certainement avantage à employer pour les espèces, comme pour les genres et les autres groupes, le système du numéro d'ordre qui est bien plus rationnel que l'ordre alphabétique.

Les numéros d'ordre de la liste des planchettes de classification doivent, soit parce que cette liste s'accroît, soit parce qu'elle subit des modifications systématiques, être changés de temps à autre. Mais comme ce changement est un travail long, qu'il faut éviter de recommencer trop souvent, on peut se contenter, pendant longtemps, de remaniements partiels du numérotage.

Pour simplifier ces remaniements partiels, on peut employer la méthode décimale qui permet d'intercaler, indéfiniment, entre deux nombres entiers consécutifs.

Si l'on a à intercaler deux genres entre le genre 115 et le genre 116 on pourra leur donner les numéros 115,3 et 115,6.

Si plus tard on a encore trois genres à intercaler entre les genres 115,3 et 115,6 on les numérotera, par exemple, 115,4, 115,5 et 115,55.

L'intercalation, par cette méthode décimale, est toujours possible. Les nombres décimaux

$$115$$
$$115,3$$
$$115,4$$
$$115,5$$
$$115,55$$
$$115,6$$
$$116$$

se trouvent, ainsi rangés, dans leur ordre de grandeur, et la place de l'objet désigné par chacun d'eux se trouve parfaitement déterminée, ce qui est, ici, l'unique but du numérotage.

Etiquetage des tiroirs

La façade de chaque tiroir (pl.6) est pourvue de trois porte-étiquettes, pour recevoir des étiquettes mobiles, en carte-bristol, ayant 110×70 millimètres lorsqu'elles doivent garnir entièrement le porte-étiquette.

Le premier porte-étiquette (celui de gauche) est destiné à recevoir deux étiquettes superposées qui sont indépendantes l'une de l'autre afin de se prêter aux remaniements de l'étiquetage.

L'une de ces étiquettes, qui a 110×70 millimètres, porte le numéro indicateur de la place du tiroir (fig.8).

L'autre, qui a seulement 110×26 millimètres, et qui ne recouvre ainsi que la partie inférieure de l'étiquette précédente, porte le numéro d'ordre de la première planchette de classification contenue dans le tiroir et, s'il y a lieu, un nom d'embranchement.

Le deuxième porte-étiquette est destiné à recevoir les étiquettes portant les noms des Classes, des Ordres, des Tribus et des sous-groupes correspondants.

Le troisième porte-étiquette est destiné à recevoir les étiquettes portant les noms des Familles, des Genres, des Espèces et des divisions de ces groupes.

Les inscriptions sur les étiquettes des tiroirs sont faites sur des bandes de papier des mêmes couleurs conventionnelles que celles employées pour les planchettes de classification placées dans les tiroirs.

La figure 8 (p. 29) donne un exemple de l'étiquetage de deux piles consécutives de 20 tiroirs.

Dans cet exemple, les cinq premiers tiroirs de chacune des deux piles sont laissés vides, en prévision des remaniements éventuels des tiroirs voisins.

Tous les tiroirs portent le numéro de la case qu'ils occupent.

L'absence d'un numéro d'ordre de classification indique que le tiroir reste provisoirement vide et disponible pour les remaniements partiels qui seraient nécessités par l'intercalation de nouveaux échantillons.

Chaque nom d'embranchement, de classe, d'ordre, de tribu, de famille, de genre et d'espèce n'est indiqué qu'une fois, c'est-à-dire seulement sur le tiroir dans lequel commence le groupe considéré.

D'après ces diverses conventions, les inscriptions portées sur les trois étiquettes du sixième tiroir de la première des deux piles considérées signifient, en tenant compte des étiquettes en blanc des tiroirs suivants :

1° Que la place actuelle du tiroir est la 126° case.

2° Que la première des planchettes de classification contenues dans le tiroir a pour numéro d'ordre le nombre 2180.

3° Que tous les tiroirs des deux piles considérées sont affectés à l'embranchement des Mollusca.

4° Que tous les tiroirs des deux piles considérées sont affectés à la classe des Pelecypoda.

121			111		
122			112		
123			113		
124			114		
125			115		
126 *8180* MOLLUSCA	PELECYPODA Asiphonida MONOMYARIA	Ostreidae Ostrea a	116 *8391*		Inoceramidae Gervillia Inoceramus a
127 *8180 (Suite)*		d	117 *8402*		I Perna
128 *8180 (Suite)*		m	118 *8417*		Mytilidae Mytilus Modiola
129 *8180 (Suite)*		t	119 *8433*		Lithophagus Lithodomus
130 *8190*		Alectryonia	150 *8444*		Crenella Dreissena
131 *8198*		Gryphaea Exogyra	151 *8459*		Prasinidae
132 *8213*		Anomiidae a	152 *8569*		Pinnidae
133 *8235*		Spondylidae	153 *8515*	HOMOMYARIA	Arcidae
134 *8251*		Limidae	154 *8529*		Pectunculidae
135 *8274*		Pectinidae Pecten a	155 *8540*		Nuculidae
136 *8274 (Suite)*		g	156 *8587*		Trigoniidae
137 *8274 (Suite)*		n	157 *8603*		Unionidae Unio
138 *8307*		Vola Aviculopecten	158 *8643*		Anodonta
139 *8319*	HETEROMYARIA	Aviculidae .micula	159 *8651*	Siphonida INTEGRIPALLIATA	Astartidae Cardita
140 *8385*		Meleagrina	160 *8685*		Astarte Opis

Fig. 8. — Exemple des inscriptions portées sur les étiquettes de deux piles consécutives de tiroirs.

5° Que les tiroirs 126 à 158 sont affectés à l'ordre des Asiphonida.

6°   —   126 à 138   —   à la tribu des Monomyaria.

7°   —   126 à 131   —   à la famille des Ostreidae.

8°   —   126 à 129   —   au genre Ostrea.

9° Que le tiroir 126 est affecté aux espèces du genre Ostrea dont le nom spécifique commence par les lettres *a* ou *b* ou *c*.

Les inscriptions portées sur les étiquettes du septième tiroir de la 2° pile considérée signifient, en tenant compte des étiquettes des tiroirs précédents :

1° Que la place actuelle du tiroir est la case 147.

2° Que la première des planchettes de classification contenues dans le tiroir a pour numéro d'ordre le nombre 2402.

3° Que le tiroir est affecté à la suite : de l'embranchement des Mollusca, de la classe des Pelecypoda, de l'ordre des Asiphonida, de la tribu des Heteromyaria, de la famille des Inoceramidae.

4° Qu'il contient les dernières espèces du genre Inoceramus et le genre Perna.

Avec ce système d'étiquetage, une personne soigneuse, même complètement étrangère à la zoologie, peut, très facilement et sans crainte d'erreur, intercaler dans la collection tout lot d'échantillons déterminé génériquement et spécifiquement. Elle commence, d'abord, en cherchant le numéro d'ordre de chaque genre, à ranger sur une table, dans l'ordre zoologique adopté, tout le lot à classer. Elle cherche, ensuite, successivement, toujours au moyen des numéros d'ordre des genres, les divers tiroirs où se trouvent les places des échantillons donnés. Si l'on veut, par exemple (fig. 8), trouver la place de l'espèce Inoceramus labiatus, il suffit de chercher le numéro d'ordre du genre Inoceramus, et de tenir compte de ce que dans chaque genre les espèces sont rangées par ordre alphabétique, pour trouver immédiatement que la place de l'espèce en question est dans le tiroir qui occupe la case 147.

Quant aux remaniements partiels nécessités par l'intercalation de nouveaux échantillons, ils sont rendus faciles par la présence des cinq tiroirs vides qui se trouvent en tête de chacune des deux colonnes.

Si, par exemple, le genre Perna vient à être représenté dans la Collection par un nombre d'échantillons suffisant pour occuper, à lui seul, un tiroir tout entier, il suffit, pour fournir à ce genre la place qui lui est nécessaire, de remonter d'une case le tiroir 146, qui devient ainsi le nouveau 145, et de mettre à la place 146, devenue libre, un tiroir pour recevoir les Inoceramus des espèces dont le nom commence par la lettre *l* ou par une des lettres suivantes.

Pour mettre l'étiquetage des tiroirs d'accord avec ce changement il faudra :

1° Mettre sur les deux tiroirs occupant maintenant les cases 145 et 146 les étiquettes portant ces deux numéros indicateurs de leur nouvel emplacement;

2° supprimer la lettre l qui se trouve sur l'étiquette de droite du tiroir 147;

3° inscrire cette même lettre sur l'étiquette correspondante du tiroir qui occupe maintenant la case 146.

Si, plus tard, il faut avoir deux tiroirs au lieu d'un pour loger la famille des Pectunculidae, précédemment contenue tout entière dans le tiroir qui occupe la case 154, il suffit de faire remonter d'une case ce tiroir et les neuf précédents et la case 154, ainsi libérée, recevra un tiroir vide qui servira à loger la seconde moitié des genres composant la famille en question.

Pour mettre l'étiquetage des tiroirs d'accord avec ce changement il faudra :

1° remanier, sur les dix tiroirs remontés, les étiquettes indicatrices du numéro de la case occupée par chacun d'eux ;

2° ajouter à la suite du mot Pectunculidae, sur l'étiquette de droite du tiroir qui occupe maintenant la case 153, les noms des genres contenus dans ce tiroir ;

3° mettre, dans le porte-étiquette de gauche du tiroir, qui occupe maintenant la case 154, d'abord l'étiquette portant ce numéro 154, indicateur de la place occupée par le tiroir et ensuite le numéro d'ordre du premier genre contenu dans le tiroir;

4° inscrire sur l'étiquette de droite de ce même tiroir les noms des genres qu'il contient.

Contrairement à ces deux exemples, les remaniements destinés à fournir la place nécessaire aux intercalations doivent être faits, de préférence, par transport des échantillons vers les tiroirs qui suivent plutôt que par transport vers les tiroirs qui précèdent celui qui fait l'objet du remaniement.

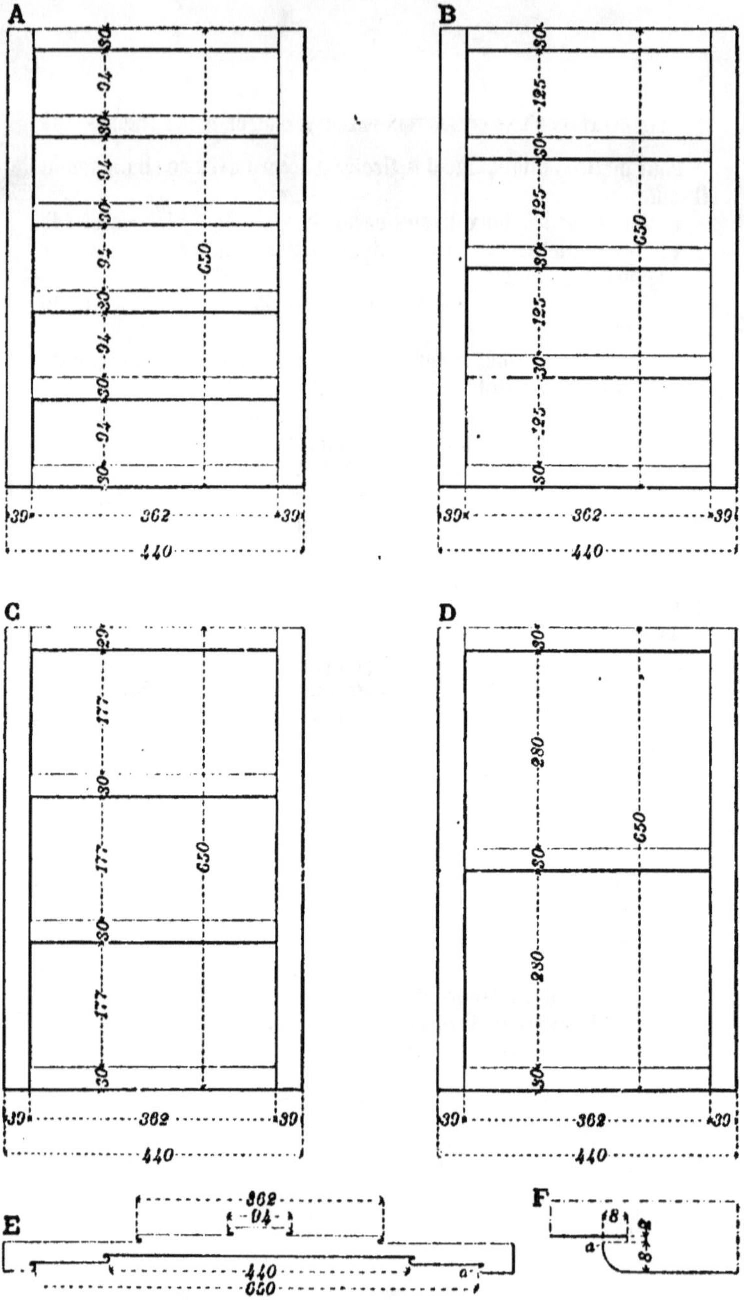

Fig. 9. — A, B, C, D, Façades des casiers pour les tiroirs servant au rangement du matériel de la Collection. Ech. 0,1.

E, Gabarit en tôle de 1ᵐᵐ 1/2 d'épaisseur, servant à vérifier les quatre dimensions principales des casiers représentés en A. Ech. 0,1.

F, Détail d'une butée. Ech. 0,5.

MEUBLES POUR LE RANGEMENT DU MATÉRIEL

J'emploie, pour le rangement du matériel de la Collection paléontologique dont il vient d'être question (approvisionnement de planchettes pour coller les échantillons, de planchettes de classification, de tringles de séparation, etc.), et pour le rangement de tout le petit matériel de mon laboratoire, des meubles à tiroirs identiques à ceux qui viennent d'être décrits et, aussi, des meubles plus petits.

Les casiers qui forment les éléments de ces derniers ont la même hauteur et la même profondeur extérieures que les casiers pour petits échantillons de la Collection paléontologique, mais ils sont plus étroits. Ils ont :

Dimension transversale extérieure   440 millimètres
—   verticale   —   650   —
—   sagittale   —   605   —

Ils sont, comme le représente la figure 9, à 2, 3, 4 ou 5 cases.

Comme les tiroirs pour les petits échantillons de la Collection paléontologique, les tiroirs de ces casiers ont 546 millimètres de profondeur intérieure, mais ils n'ont que 338 millimètres de largeur intérieure.

La hauteur intérieure de ces tiroirs est de

76 millimètres pour les casiers à 5 cases   .
107   —   —   4 —
159   —   —   3 —
262   —   —   2 —

Les dispositions adoptées pour leurs façades sont indiquées par les figures C à F (page 7).

Les dimensions de ces casiers et de ces tiroirs sont indiquées dans les quatre dernières colonnes du tableau de la page 34.

TABLEAU DES DIMENSIONS DES TIROIRS ET DES CASIERS

DÉSIGNATION DES DIMENSIONS	MEUBLES POUR LE CLASSEMENT DE LA COLLECTION PALÉONTOLOGIQUE — Meubles pour les échantillons moyens	Meubles pour les petits échantillons	MEUBLES POUR LE RANGEMENT DU MATÉRIEL — Casiers à 5 tiroirs	Casiers à 4 tiroirs	Casiers à 3 tiroirs	Casiers à 2 tiroirs
TIROIRS — Corps du tiroir.						
Dimensions intérieures — Largeur	713	673	338	←	←	←
Profondeur	607	516	←	←	←	←
Hauteur	107	76	←	107	159	262
Dimensions extérieures — Largeur	733	693	358	←	←	←
Profondeur	631	570	←	←	←	←
Hauteur	122	91	←	122	174	277
Épaisseur des bois — Côtés	10	←	←	←	←	←
Devant	11	←	←	←	←	←
Derrière	10	←	←	←	←	←
Fond	10	←	←	←	←	←
Largeur des bois — Côtés	122	91	←	122	174	277
Devant	107	76	←	107	159	262
Derrière	97	66	←	97	149	252
Profondeur de la rainure en pente creusée dans les côtés pour recevoir les fonds — en avant	6	←	←	←	←	←
en arrière	2	←	←	←	←	←
Devanture rapportée. — Longueur	769	729	394	←	←	←
Largeur	145 (147)	114 (116)	←	145(147)	197 190	300,305
Épaisseur	12	←	←	←	←	←
Saillies sur le corps du tiroir — en haut	13 (14)	←	←	2	13 (15)	13 (16)
en bas	10 (11)	←	←	←	←	10 (12)
sur les côtés	18	←	←	←	←	←
Écartements horizontaux depuis l'axe vertical de la devanture jusqu' — à l'axe des Vis en fer	99et177	←	48et126	←	←	←
au dehors des Porte-étiquettes	201	·	118	←	←	←
au centre des Anneaux	275	←	0	←	←	←
Écartement vertical depuis l'axe horizontal de la devanture jusqu'à l'axe des Vis en fer	21	←	←	←	←	←
Distance des bords des devantures rapportées, jusqu'à l'axe des Vis en cuivre	40	»	»	»	10	←
CASIERS — Dimensions extérieures des Casiers. — Largeur en avant	815	775	410	←	←	←
— en arrière	813	773	439	←	←	←
Hauteur	650	←	←	←	651	650
Profondeur	668	605	←	←	←	←
Dimensions intérieures des Cases. — Largeur à l'entrée des Cases	737	697	362	←	←	←
entre les Joues des coulisseaux à l'arrière	717	707	372	←	←	←
Hauteur à l'entrée des Cases	125	94	←	125	177	280
entre les Coulisseaux	133	102	←	133	185	288
Profondeur	646	585	←	←	←	←
Équarrissage des Montants et des Traverses. — Montants de la façade	39 × 60	←	←	←	←	←
de l'arrière	29 × 60	←	←	←	←	←
Traverses supérieures et inférieures de la façade	30 × 60	←	←	←	←	←
de l'arrière	25 × 60	←	←	←	←	←
des côtés	29 × 60	←	←	←	←	←
Traverses séparatives des Cases	30 × 30	←	←	←	←	←
Épaisseur des 5 panneaux (2 côtés, 1 dessus, 1 dessous, 1 derrière)	10	←	←	←	←	←
JEU des Tiroirs dans les Cases. — en largeur, en avant à l'entrée des Cases	4	←	←	←	←	←
en arrière entre les joues desCoulisseaux	11	←	←	←	←	←
en hauteur, en avant à l'entrée des Cases	3	←	←	←	←	←
en arrière entre les Coulisseaux	11	←	←	←	←	←
en profondeur	15	←	←	←	←	←

Le signe ← signifie : *même dimension que celle qui précède, sur la même ligne.*

EXPLICATION DES PLANCHES

PLANCHE 1

Fig. 1. — Casier à tiroirs pour le rangement des échantillons d'une petite Collection paléontologique. — Vue de face. Deux tiroirs ont été représentés.

PLANCHE 2

Fig. 2. — *Idem*. — Coupe horizontale suivant le plan A. Le tiroir est représenté non coupé.

PLANCHE 3

Fig. 3. — *Idem*. — Coupe verticale suivant le plan B parallèle à la façade. On a figuré deux tiroirs. La moitié droite du dessin représente la partie postérieure du casier. La moitié gauche du dessin est une vue de la coupe regardée en sens inverse de la précédente et représente, par conséquent, la partie antérieure du casier.

PLANCHE 4

Fig. 4. — *Idem*. — Coupe verticale suivant le plan antéro-postérieur ou sagittal C. Deux tiroirs ont été figurés. L'un est représenté en coupe et l'autre est représenté non coupé.

PLANCHE 5

Fig. 5. — Soubassement et table de casiers, semblables à celui représenté par les planches précédentes, groupés pour former des tables-comptoirs de 80 centimètres de hauteur. — Coupe suivant le plan vertical antéro-postérieur D de la figure 6.

Fig. 6. — *Idem*. — Vue de face.

Fig. 7. — Soubassement et corniche de grands meubles formés par l'empilement de quatre assises de casiers semblables à celui représenté par les planches précédentes. — Coupe suivant le plan vertical antéro-postérieur E de la figure 8.

Fig. 8. — *Idem*. — Vue de face.

PLANCHE 6

Fig. 9. — Grand meuble formé par l'empilement de quatre assises de casiers semblables à celui représenté par les planches 1 à 4. — Vue de face.

PLANCHE 7

Fig. 10. — Exemple de l'installation dans une salle de 9^m72 sur 11 mètres de grands meubles et de tables-comptoirs des types représentés sur les planches 5 et 6. — Plan.

Fig. 11. — Coupe suivant M N.

TABLE DES MATIÈRES

Limoges, Imprimerie Ducourtieux et Gout, rue des Arènes. 7

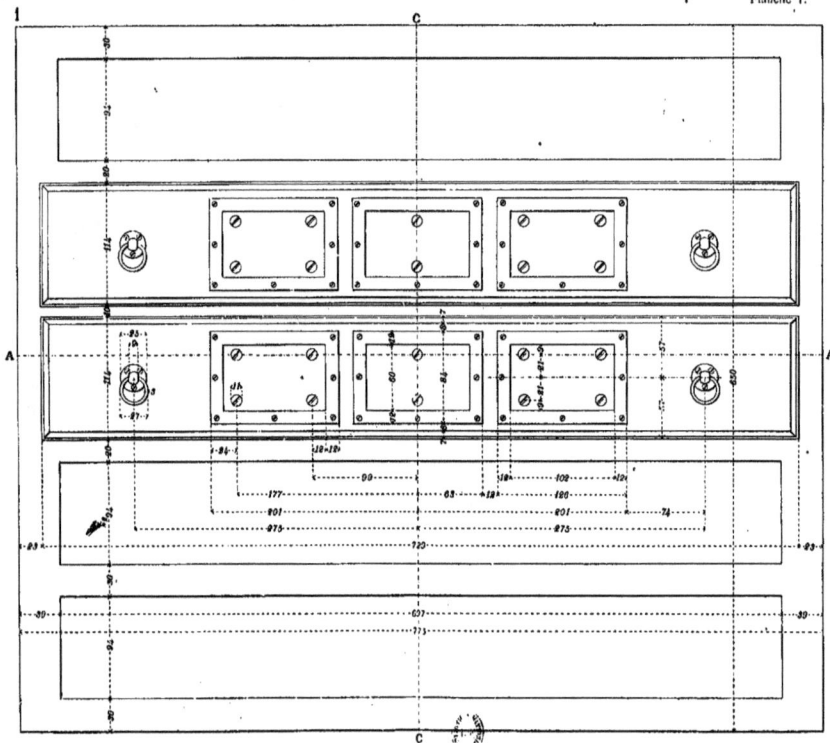

Casiers à tiroirs
pour le classement d'une Collection paléontologique
Vue de face

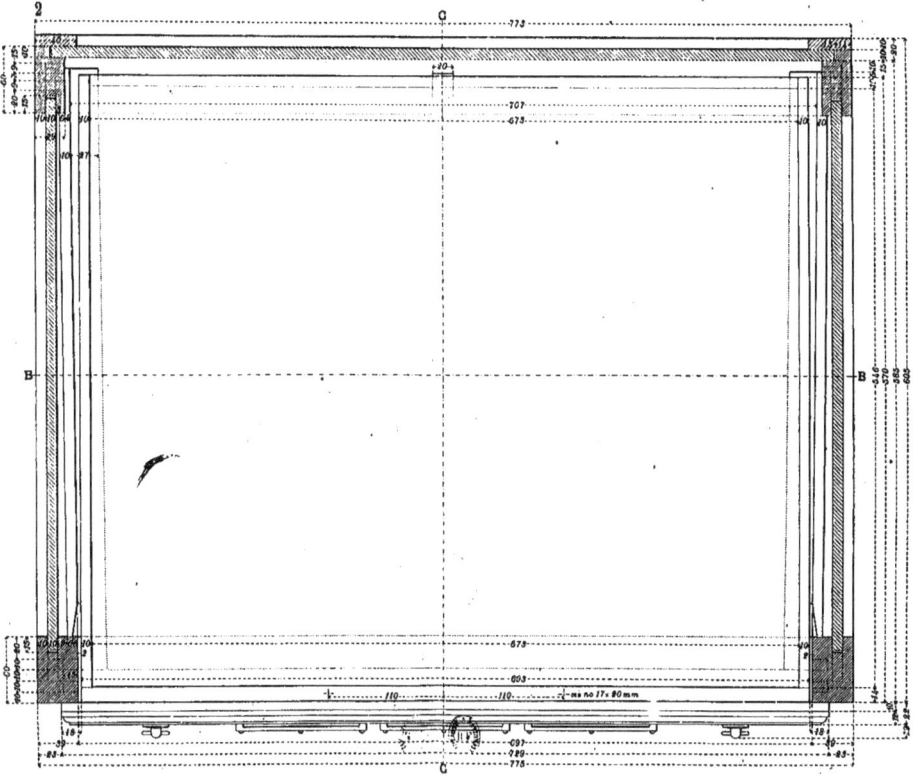

Casiers à tiroirs
pour le classement d'une Collection paléontologique
Coupe suivant le plan A.

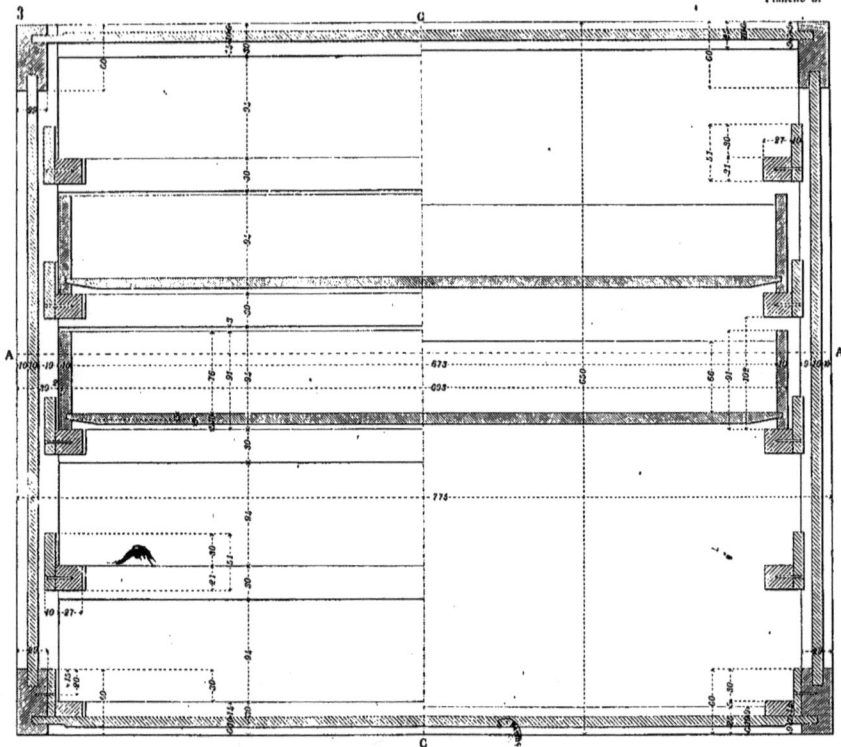

Casiers à tiroirs
pour le classement d'une Collection paléontologique
Coupe suivant le plan B.

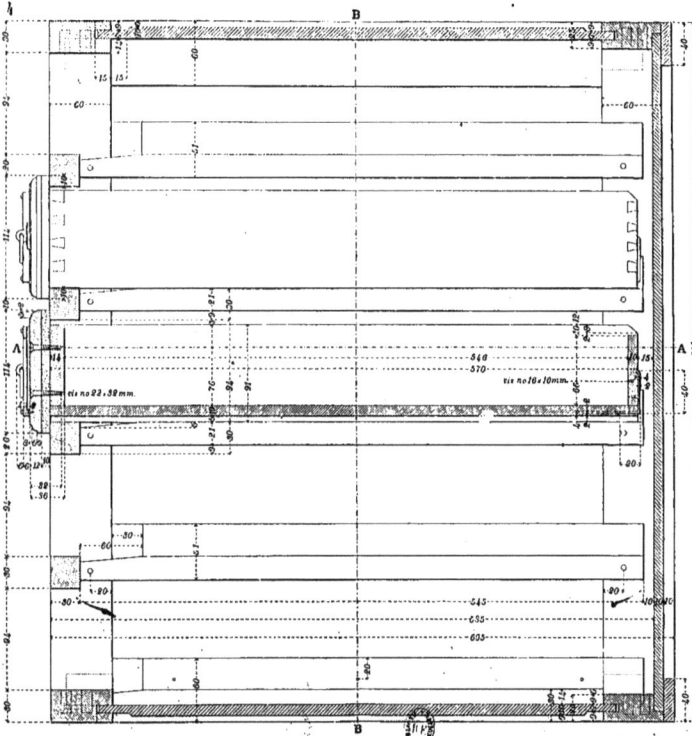

Casiers à tiroirs
pour le classement d'une Collection paléontologique
Coupe suivant le plan C.

Casiers à tiroirs
pour le classement d'une Collection paléontologique
Détail des tables, soubassements et corniches

9

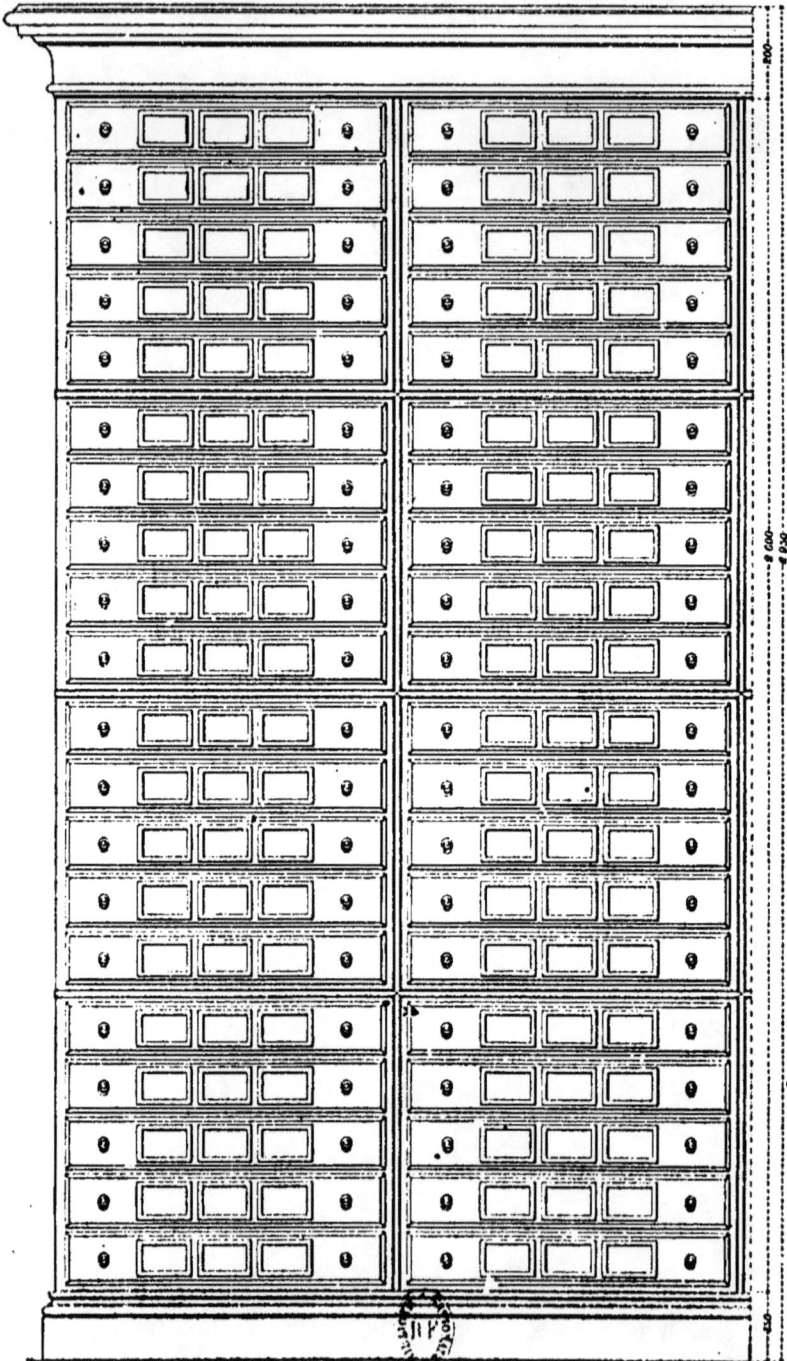

Caslers à tiroirs
pour le classement d'une Collection paléontologique
Exemple de groupement des Casiers

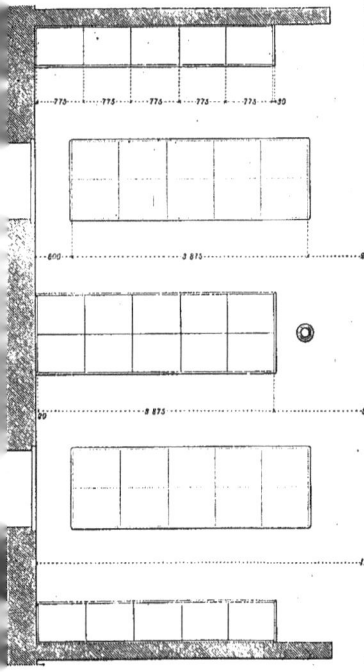

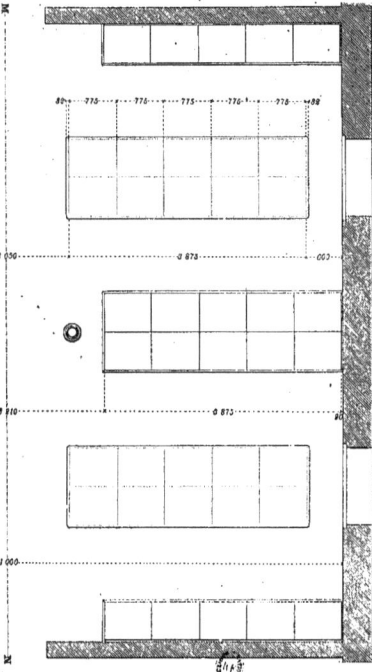

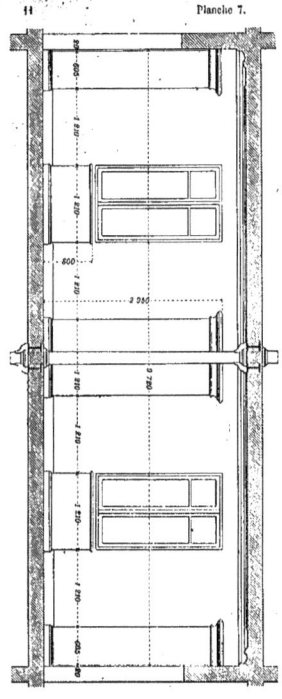

Casiers à tiroirs
pour le classement d'une Collection paléontologique
Exemple d'installation d'une Salle

www.ingramcontent.com/pod-product-compliance
Lightning Source LLC
Chambersburg PA
CBHW070829210326
41520CB00011B/2178